超人气美甲一学就会

阿瑛 编著

U0381802

人民邮电出版社

北京

图书在版编目（CIP）数据

超人气美甲一学就会 / 阿瑛编著. -- 北京 : 人民
邮电出版社，2018.10
ISBN 978-7-115-48721-6

Ⅰ. ①超… Ⅱ. ①阿… Ⅲ. ①指（趾）甲—化妆—基本
知识 Ⅳ. ①TS974.15

中国版本图书馆CIP数据核字(2018)第137474号

内 容 提 要

喜欢美甲的你，是否还在为如何使用工具、如何配色、如何画图案以及如何擦卸指甲油而烦恼呢？那么这本书将带你走进有趣的美甲世界，教你快速画出指尖上的美丽！

本书共分为六个部分。第一部分为美甲所用工具、材料及技法的介绍。详细讲解了工具和材料的作用及使用方法；第二至第六部分分别讲解了素底色美甲、四季主题美甲、多种风格美甲、重要场合可用美甲以及十三款足甲的造型制作案例，其效果精致美观，别出心裁。另外，本书还附有手部和足部的保养知识介绍，内容翔实，实用性强。

本书既适合美甲爱好者参考学习，同时也可供各类美甲培训机构作为教材使用。

◆ 编　著　阿　瑛
　　责任编辑　王雅倩
　　责任印制　陈　犇
◆ 人民邮电出版社出版发行　　北京市丰台区成寿寺路 11 号
　　邮编　100164　电子邮件　315@ptpress.com.cn
　　网址　https://www.ptpress.com.cn
　　涿州市殷润文化传播有限公司印刷
◆ 开本：787×1092　1/20
　　印张：8　　　　　　　　　　　2018 年 10 月第 1 版
　　字数：216 千字　　　　　　　 2025 年 3 月河北第 24 次印刷

定价：39.80 元

读者服务热线：(010)81055296　印装质量热线：(010)81055316
反盗版热线：(010)81055315

CONTENTS 目录

第一部分
新手入门

美甲工具 ···································· 8

美甲材料 ···································· 10

选择专属你的指甲油 ················· 11

美甲早知道 ································ 12

修剪适合你的指甲形状 ············· 12

涂抹指甲油的正确步骤 ············· 14

定期修护指甲 ···························· 15

使甲油持久闪亮不脱落的秘笈 ····· 16

你可能不知道的美甲"真相" ········ 17

美甲常用技法 ···························· 18

水贴花 ······································ 18

贴假指甲 ··································· 19

水晶雕花 ··································· 20

水染彩绘 ··································· 21

光疗美甲 ··································· 22

水晶甲 ······································ 26

韩式彩绘 ··································· 28

拓印美甲 ··································· 30

贴钻饰 ······································ 32

彻底清除甲油 ···························· 33

第二部分
玩转美甲色彩——100% 提升人气

蕾丝兔·嫩绿色 ·········· 36

银·纯洁 ·········· 38

黑·经典 ·········· 40

紫·高贵 ·········· 42

永恒·深蓝 ·········· 44

红·诱惑 ·········· 45

创意·玫红 ·········· 46

欢动·橙黄 ·········· 47

欣赏——美妙色彩 ·········· 48

第三部分
四季花语——绽放活力本色

春·喜气洋洋 ·········· 52

春·朝气蓬勃 ·········· 54

夏·绽放生命 ·········· 56

夏·饰全饰美 ·········· 58

夏·简单爱 ·········· 59

秋·秋之果 ·········· 60

秋·沉淀收获 ·········· 61

冬·雪人彩绘 ·········· 62

冬·太阳花 ·········· 63

第四部分
百变美甲——我的个性我做主

纯爱·豹纹 ·········· 66

宠爱·心情 ·········· 68

闪亮·甜梦 ·········· 70

浪漫·玫瑰 ·········· 72

公主·童话 ·········· 74

星耀·女神 ·········· 76

果漾·生活 ·········· 78

撞色·花拼 ·········· 80

亲近·自然 ·········· 82

烁金·百合 ·········· 84

复古·格调 ·········· 86

安静·温婉 ·········· 88

暗香·玫瑰 ·········· 90

雨季·青春 ·········· 92

优雅·经典 ·········· 94

温柔·清新 ·········· 95

第五部分
场合变换——超人气女王

职场·宴会 ·· 98

职场·派对 ·· 100

结婚·宴会1 ·· 102

结婚·宴会2 ·· 106

朋友·聚会1 ·· 110

朋友·聚会2 ·· 112

朋友·聚会3 ·· 114

朋友·聚会4 ·· 115

生活·休闲1 ·· 117

生活·休闲2 ·· 118

生活·休闲3 ·· 120

时尚·聚会 ·· 122

甜蜜·约会1 ·· 124

甜蜜·约会2 ·· 128

时尚·派对 ·· 130

狂野·派对 ·· 131

第六部分
简简单单做出人气足甲

性感·诱惑 ·· 134

热带·风情 ·· 136

复古·典雅 ·· 138

回味·童年 ·· 140

韵动·流畅 ·· 142

蓝紫·魅影 ·· 144

明蓝·时光 ·· 146

花期·绽放 ·· 148

莹莹·飞花 ·· 150

绿光·复古 ·· 152

可爱·浪漫 ·· 154

俏皮·优雅 ·· 156

欣赏——魅力足甲——甲片 ···························· 158

附录A 纤手玉足养出来 ······························· 160

第一部分

新手入门

看到别人美丽的指甲，总是免不了多看几眼。

不用羡慕别人，自己也来学习美甲吧！首先了解基本工具和材料，再学习基本的美甲技巧，一步一步深入学习，相信不久后的你也会成为一名美甲高手，引来别人的注目！

美甲 工具

彩绘笔 ①

主要用于绘制美甲花纹及图案。其刷头纤细，且规格较多，主要包括：闪粉刷、小排笔、小笔、点珠笔、斜排笔、拉线笔、长拉线笔及极细小笔等，可以根据需求选择合适的彩绘笔进行绘制。

底托 ②

用来固定甲片，让手保持干净。

点棒 ③

主要的功能有两种：一是蘸取指甲油画较精细的图案；二是用来贴水钻、亮片等小饰品，它可以很好地将小饰品固定在需要的位置。如果没有点棒，也可以用牙签暂替。

指甲钳 ④

主要用于修剪指甲的形状。指甲钳的型号有很多，使用太小的指甲钳剪一片指甲可能需要剪很多次，容易导致边缘不平整或指甲开裂；使用太大的指甲钳可以一刀将指甲剪去，但很可能会剪伤指缘，所以一定要选适合自己指甲大小的指甲钳。

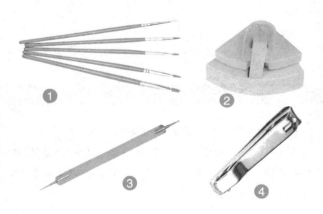

指甲锉 ⑤

用于打磨指甲的边缘。打磨时要从两边向中间横着一点点地打磨，同时不要让锉面垂直于指甲前端，要微微向指甲下的指腹一侧倾斜，慢慢磨去指甲的毛边。

砂条 ⑥

主要用于修饰指甲的形状以及边缘的平滑度。市面上的砂条按砂质粗细厚薄不同分为几种，常见的有180和100两种型号。如果是大致修形的话，可以选择180单位粗细的砂条。需要注意的是粗糙的砂条虽然磨起来快，但会使边缘粗糙。

美甲刷 ⑦

是美甲常用的清洁工具，在手部护理时用于指甲和水晶指甲的甲面清洁。很多具有清洁功能的居家用品都可以作为替代品。

抛光棒 ⑧

用于抛光指甲，这对于甲面凹凸不平的情况来说非常实用，抛光后指甲表面会更加光滑。抛光棒四面的砂质不同，抛光时应先用粗面磨平，再用细面抛光。

死皮推 ⑨

用于处理指甲根部的死皮，使用时要与死皮钳结合使用，先用死皮推推出死皮，然后用死皮钳剪掉它。

雕花笔 ⑩

在指甲上做立体雕花用，有各种大小不同的型号。

光疗灯 ⑪

具有固化指甲图案以及清洁杀菌的作用，能迅速杀死指甲里残留的细菌，让指甲更健康、更坚硬、更显光泽。

⑤ ⑥ ⑦ ⑧ ⑨ ⑩ ⑪

美甲 材料

彩绘胶

用于光疗中的彩绘、勾画、点花等。

软化剂

用于涂指甲油之前，软化甲皮边缘的死皮。以便在去除死皮时降低痛感。

拉线笔

盖子下是一支极细的涂刷，使用简单，容易控制蘸取的油量，常用于小细节上的处理。

营养油

涂指甲油之前，涂抹在指甲与甲皮之间，可以软化和滋润甲皮。此举能有效防止倒刺的形成及指甲与甲皮接缝白痕的出现。在涂指甲油之前或做贴片指甲前、后使用能有效保护指甲不受损伤。

闪粉

可以增加整个甲面的闪亮程度，注意要在底油未干时散上，这样才能使闪粉粘在指甲上。

底油

涂甲油前使用，形成一层保护膜，防止指甲受到污染，保持指甲的健康生长，并且能使甲油在指甲上长时间不脱落、不变色。

美甲专用胶

用来粘贴比较大的美甲饰品、甲片等。能够固定物品，有效防止物品脱落。

彩胶

在天然树脂胶中添加了闪粉，可以直接用于模型延长。具有坚固、不易断裂的特点，韧性及光泽度佳。

亮油

一般涂完彩色的指甲油后要涂一层亮油，既对甲面起保护作用，又能使甲油持久靓丽。

洗甲水

常涂指甲油有损指甲健康，所以，每隔两三天就要用洗甲水洗去指甲油，缩短甲油待在指甲上的时间。

选择专属你的指甲油

指甲油的种类有很多，怎样才能挑选出最适合自己的指甲油呢？首先我们来看看哪些颜色是适合自己的？皮肤颜色较黑的人，不要选择太过艳丽的颜色。如玫红色、大红色、鲜绿色等过于明亮的颜色，会将手部肤色衬得较暗。皮肤颜色偏黄的人可以选择淡一点的色系，不要选择褐色、群青色、蓝紫色等亮冷色调的颜色；皮肤颜色白皙的人可以随意选择，但以亮色系最为合适，比如金黄色、紫色、亮蓝色。指甲油的颜色除了要与肤色相配以外，也要与面部彩妆和服饰的颜色相配。

在选择甲油时，除了考虑甲油的颜色以外，还需要注意以下几点。

★指甲油的浓稠度：观察指甲油是否顺着毛刷呈水滴状往下流动。如果流动较慢，代表指甲油太浓稠，不容易擦均。

★刷毛：细长。刷子蘸满指甲油拿出来时，刷毛仍维持细长状，则表明刷子比较好。

★指甲油颜色：均匀一致。这样的指甲油能形成均匀的涂膜，而且其光泽和色调能长期保持。

★指甲油的生产日期。

早知道

修剪适合你的指甲形状

方形甲

方形甲是所有指甲中最不易断裂的，充满个性、极富潮流感，是大家比较青睐的甲形。但修剪不到位，容易勾破衣服和划伤皮肤。

方形甲步骤

步骤 1
把指甲剪到合适长度。

步骤 2
砂条与指甲前端成直角从一边向另一边削锉。将指甲的边缘贴在砂条上垂直打磨。

步骤 3
从两侧向中间方向平直修理，使两边对称。

步骤 4
完成。

方圆形甲

方圆形的指甲前端和侧面都是直的，棱角的地方呈圆弧形，不容易勾破衣服和划伤皮肤，也不容易断裂。适合骨节明显，手指瘦长的女生。

方圆形甲步骤

步骤 1
把指甲修剪到合适长度。

步骤 2
砂条与指甲成45度由一侧开始向中间打磨指甲边缘。从两侧向中间成圆弧状打磨端角。

步骤 3
用砂条将两端的尖角磨圆。

步骤 4
完成。

尖圆形甲

尖圆形甲容易断裂，且美化作用不如其他三种，因此常见于舞台剧或影视剧中。亚洲人甲形较薄，不建议修剪这种形状的指甲。

步骤 1
把指甲剪到合适长度。

步骤 2
把两边的边角剪掉。

步骤 3
砂条与甲尖成45度打磨指甲前缘。砂条从两侧向指甲的中间修磨，修磨时要注意使两边对称。

尖圆形甲步骤

步骤 4
用美甲刷清洁甲面。

步骤 5
完成。

椭圆形甲

椭圆形甲从边缘开始到指甲前端的轮廓呈椭圆形，是一种经典耐看的甲形，比较柔和。

椭圆形甲步骤

步骤 1
把指甲修剪到合适长度。

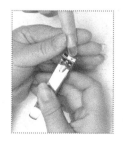

步骤 2
把边角剪圆。

步骤 3
砂条与指甲前端成45度角向中间打磨。在打磨时要将边缘修成椭圆形。

步骤 4
完成。

步骤 1

把指甲修剪到满意的长度。

步骤 2

打磨边角部分。

涂抹指甲油的正确步骤

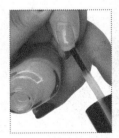

步骤 3

用护甲底油涂抹整个甲面。

注意

如果指甲边缘出现多余的甲油，可用棉签蘸取洗甲水将其擦去。

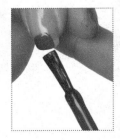

步骤 4

蘸少许指甲油涂在指甲的前端。

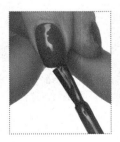

步骤 5

涂抹指甲的正面。注意刷子要稍微放平一些，分别涂抹指甲的左侧和右侧。

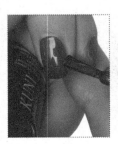

步骤 6

重复步骤4~步骤5，将指甲油重新涂抹一次。

定期修护指甲

定期修护指甲，修掉发黄、变形的部分，有助于指甲的生长，让手指时刻保持纤美、修长。

指甲修护步骤

1. 将手指放到温水中浸泡几分钟。

2. 用砂条修磨指甲的形状。

3. 涂抹软化剂并轻轻按摩指甲周围。

4. 用死皮推将老化的痂皮推起。

5. 用死皮推清理倒刺。

6. 用指皮剪剪掉倒刺。

7. 在甲面上涂抹营养油，并按摩以促进吸收。

8. 用抛光棒将甲面打磨平滑。

9. 按黑白灰的顺序转换抛光棒打磨甲面。

10. 用细砂条打磨甲面。

11. 用酒精棉签清洁指甲的前缘和甲沟。

12. 在指面上依次涂抹加钙底油和亮油。

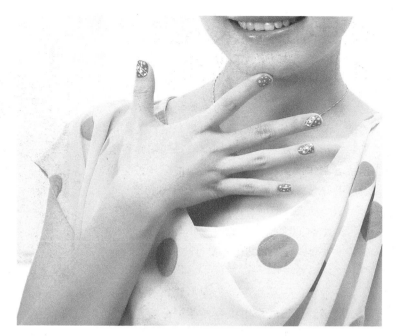

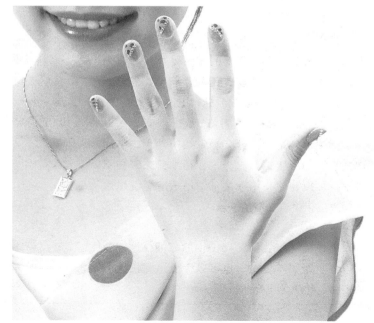

使甲油持久闪亮不脱落的秘笈

热情的芒果黄、甜美的樱桃粉、温柔的葡萄紫、清新的海洋蓝、激情的阳光橙，美妙的色彩在指尖上欢快跃动，如此缤纷靓丽！想要让精心制作的美丽指甲每时每刻都保持鲜亮如新，不易脱落，就看看下面的一些小妙招吧！

双手不要长时间在水中浸泡

泡水时间太长，甲油就会脱落。做家务时应戴上手套，洗澡时间也不要过长。

指甲需保持在适当长度

一般情况下，指甲的长度不能超过手指顶端8毫米。过长的指甲很容易断裂分层，涂在上面的指甲油也容易脱落。

修整死皮也是关键

指甲边缘长出死皮后，直接将指甲油涂在上面就会容易脱落。正确的做法是在指甲边缘涂抹润甲油后，用死皮推把死皮修整、剪掉，然后再在干净的指甲表面涂抹指甲油。

涂甲油前清洁指甲

指甲上残留的油分会导致指甲油无法牢固地黏合在指甲表面上。为了让指甲持久闪亮不脱落，可以在涂指甲油之前，用蘸取了洗甲水的棉片把指甲表面清洁一遍。

一定要涂底油

上色前一定要涂一层护甲的底油，这样既可以保护指甲不发黄，也可以为上色提供光滑的表面，让颜色更亮丽。

前一层甲油充分干透之后，再涂后面一层

涂一层甲油之后要让它充分干透，干透后再涂第二层，这样它们就可以更牢固地黏合在指甲上了。

在甲尖和甲床处多涂一层

涂抹整个指甲之前，先在指甲的边缘涂上一层。指甲边缘是最容易脱落的地方，先涂一层，相当于把中间的指甲油固定住，可有效防止甲油脱落。

每层甲油都尽量薄涂

过厚的甲油涂在指甲上，很容易起泡或脱落。涂甲油时把蘸了甲油的刷子在瓶子边缘多刮几下，去掉过多的甲油，再薄薄地在指甲上涂一层。

每天补擦一次亮油

要确保甲油日日鲜亮，最有效的方法就是每天补擦一次透明亮油，这样既可以保证甲油不脱落，还可以增加指甲的闪亮度。

你可能不知道的美甲 "真相"

　　美甲能装饰指甲，掩盖甲面上的缺陷，但长期覆盖指甲油会引起色素沉淀使指甲泛黄，严重者甚至引起指甲病变。所以涂上指甲油几天之后，要卸下指甲油，让指甲恢复一段时间。

　　美甲需要严格完善的无菌操作，因此一次性纸巾、棉球、刮刀、75%的酒精、止血巾、抗菌剂、小苏打、杀菌剂等都是必不可少的。但是很多美容机构的消毒措施不完善，因此大家在外出美甲时要特别留意，选择卫生条件完善的美甲场所。

　　开封后的甲油，随时间推移会变得越来越稠且厚，黏合力也会变差。一般指甲油的保存期限约两年，不打开的指甲油最多可以保存三年。当指甲油呈黏状、干涸，或者有颜色分离的现象时，说明已经变质，需要弃用。用过的指甲油瓶口需盖紧，否则里面的溶剂易挥发不见。相关成分一旦挥发，指甲油就会变得又稠又浓。对于还没有变质，仅仅只变黏稠的指甲油，可以往里面倒一点稀释液，使它恢复到较稀的稠度，但要注意的是指甲油最多只能稀释两到三次。

　　并不是所有的洗甲水都是健康安全的，最好选用无丙酮(Acetone-free)成分的洗甲水，或含有维生素成分且具有保护效果的洗甲水，因为丙酮会使指甲变得脆弱。但较难去色的指甲油则需要使用含丙酮的洗甲水擦拭。

常用技法

美甲工具

- 镊子
- 雕花笔
- 小剪刀

美甲材料

- 白色甲油
- 粉色甲油
- 水贴花
- 闪粉
- 亮油

水贴花

步骤

步骤 1
先后刷两层白色甲油，待干。

步骤 2
在甲面的底部刷上一些粉色甲油。

步骤 3
用雕花笔如左图位置沾上一些闪粉。

步骤 4
剪下一个水贴花。

步骤 5
浸泡在水中 1~2 分钟。

步骤 6
用镊子撕下花朵贴到甲片上（位置如图）。

步骤 7
刷一层亮油。

步骤 8
完成。

贴假指甲

假指甲能够瞬间延长指甲的长度，这样的延伸能够制作出更多不受长度限制的美丽图案。

步 骤

步骤 1
把整个甲面磨薄，尤其是指尖。

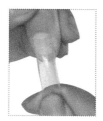
步骤 2
比对甲片型号，选择大小合适的甲片。

步骤 3
在甲片上蘸上美甲专用胶水。

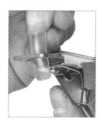
步骤 4
将甲片贴到指甲上，并将其修剪到合适长度。

水晶雕花

美甲工具

彩绘笔
点棒
雕花笔

美甲材料

亮粉、黄色甲油
白、粉两色雕花粉
亮油
水晶甲液
金色小钢珠

步骤 1
先后刷两层黄色甲油，待干。

步骤 2
在指甲的前端刷一层圆弧状的亮粉甲油。

步骤 3
用雕花笔蘸上一点水晶甲液，再沾上白、粉两色雕花粉，点画到甲片上。

步骤 4
用雕花笔画出花瓣形状，注意在中间位置压一下。

步骤 5
用同样的方法画出五片花瓣。

步骤 6
在旁边画出另一朵梅花。

步骤 7
在合适的位置点一些雕花粉。

步骤 8
用雕花笔画出叶子的形状。

步骤 9
再画出另一片叶子。

步骤 10
刷一层亮油。

步骤 11
最后用点棒粘一些金色小钢珠在花蕊的中间位置。

水染彩绘

美甲工具

- 盛水容器
- 牙签
- 点棒

美甲材料

- 紫色甲油
- 亮黄色甲油
- 橘红色甲油
- 拉线笔

步 骤

步骤 1
取几滴不同颜色的甲油滴到水中。

步骤 2
用牙签搅拌甲油，形成想要的形状。

步骤 3
在甲片上贴上双面贴，并将其浸入水中染上色彩。

步骤 4
吸干甲片上面的水分，用拉线笔画上几条弧线。

单色水染彩绘甲的操作方法与多色水染彩绘甲大致相同，唯一不同的是，单色水染彩绘甲是用单一颜色的甲油制作的。

光疗美甲

点 评　　使用无色无味的天然树脂凝胶涂抹在指甲上，利用紫外线灯的照射使其快速干燥，凝结于真甲表面，从而塑造出坚硬、透明的指甲。光疗美甲不仅不伤害真甲，而且能增加指甲的硬度，其制作过程也非常简单。

美甲工具

纱条
指甲钳
指甲锉
抛光棒
美甲刷
光疗灯
化妆棉

美甲材料

光疗专用纸托　　免洗封层胶
红色光疗底胶　　光疗底胶
洗甲水　　　　　亮钻
透明延长胶　　　美甲专用胶
闪粉

步　骤

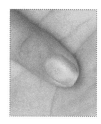

步骤 1
把指甲修剪到合
适长度。

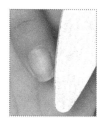

步骤 2
用指甲锉把多余
的边角磨平。

步骤 3
把用面打磨成网
格状。

步骤 4
用美甲刷刷去
表面粉屑。

步骤 5
将纸托套好。

步骤 6
贴牢下端。

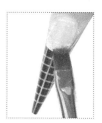

步骤 7
刷上光疗底胶。

步骤 8
放入光疗灯中
照 2~3 分钟。

步骤 *9*

刷上红色光疗底胶。

步骤 *10*

在表面沾上闪粉。

步骤 *11*

刷上透明延长胶。

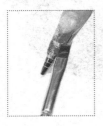

步骤 *12*

填补上胶空白处。

步骤 *13*

取下纸托。

步骤 *14*

用化妆棉蘸洗甲水进行擦拭。

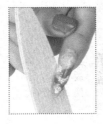

步骤 *15*

用指甲锉修磨多余边角。

步骤 *16*

用指甲钳剪出需要的甲形。

步骤 *17*

再打磨边角。

步骤 *18*

对整个甲面进行打磨，把指甲磨薄一些。

步骤 *19*

用抛光棒抛光甲面。

步骤 *20*

刷去表面的粉屑。

步骤 *21*

用蘸有洗甲水的化妆棉擦拭甲面。

步骤 *22*

刷一层免洗封层胶。

步骤 *23*

放入光疗灯中照2~3分钟。

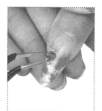

步骤 *24*

用美甲专用胶贴上一些亮钻。

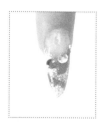

步骤 *25*

完成。

水晶甲

美甲工具

雕花笔
指甲挫
砂条
指甲钳
抛光棒
化妆棉

美甲材料

甲片
透明水晶粉
粉色水晶粉
金色彩胶
银色彩胶
洗甲水
水晶甲液

步 骤

步骤 1
贴上甲片，并修剪成需要的形状。

步骤 2
先刷一层金色彩胶。

步骤 3

再刷一层银色彩胶。

步骤 4

刷一层厚厚的透明水晶粉，待干。

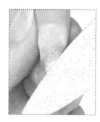

步骤 5

打磨整个甲面。

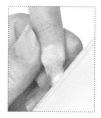

步骤 6

抛光甲面。

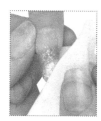

步骤 7

用化妆棉蘸上洗甲水擦拭整个甲面。

步骤 8

用雕花笔蘸上水晶甲液，蘸上粉色水晶粉点画到甲面上。

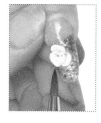

步骤 9

雕出一朵花朵形状。

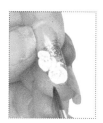

步骤 10

再雕另外一朵花。

步骤 11

在两朵花之间雕一片叶子。

步骤 12

甲面顶端再雕一片叶子。

步骤 13

再雕几根花须。

步骤 14

完成效果。

韩式彩绘

美甲工具

彩绘笔	指甲锉
镊子	指甲钳
光疗灯	化妆棉
抛光棒	

美甲材料

玫红色、紫色、深紫色 QQ 甲油胶		紫色、白色、黑色丙烯颜料
透明延长胶		亮钻
洗甲水	免洗封层胶	美甲专用胶

步骤

步骤 1
贴上甲片，并修剪出合适的形状。

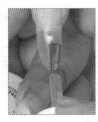

步骤 2
在底部刷一层玫红色QQ甲油胶。

步骤 3
放入光疗灯中照2~3分钟。

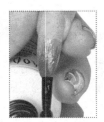

步骤 4
再刷一层紫色QQ甲油胶。

步骤 5

放入光疗灯中照 2~3 分钟。

步骤 6

再刷一层深紫色 QQ 甲油胶。

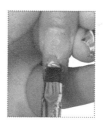

步骤 7

刷一层透明延长胶，放入光疗灯中照 2~3 分钟。

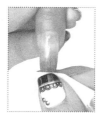

步骤 8

用化妆棉蘸洗甲水清洗甲面。

步骤 9

用指甲锉打磨甲面。

步骤 10

用抛光棒抛光甲面。

步骤 11

用紫、白两色丙烯颜料画出最外围的花瓣。

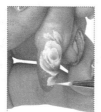

步骤 12

画全整朵花，并画上叶子。

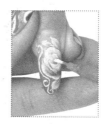

步骤 13

用白色颜料画周围的藤。

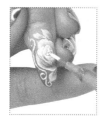

步骤 14

在花蕊的位置用白色颜料点上几个点。

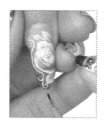

步骤 15

用黑色颜料勾花藤的边。

步骤 16

放入光疗灯中照 2~3 分钟。

步骤 17

刷一层免洗封尘胶。

步骤 18

用美甲专用胶贴上几颗亮钻。

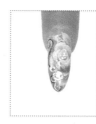

步骤 19

完成。

拓印美甲

点 评　　拓印美甲的效果非常有动感，可以搭配出很多好看的图案，尽显个性。

美甲材料

桃红色甲油
亮油
白色甲油
亮钻
花朵饰品
美甲专用胶

步 骤

步骤 *1*

刷一层桃红色甲
油，待干。

步骤 *2*

再刷一层桃红色
甲油，待干。

步骤 *3*

在海绵上蘸一些
白色甲油，粘到
甲面上。

步骤 *4*

用美甲专用胶贴
上一朵饰品花。

步骤 *5*

同理，再贴上两
颗亮钻。

步骤 *6*

刷一层亮油。

步骤 *7*

完成。

镊子

贴钻饰

美甲材料

黑色甲油
亮油
钢珠
心形饰品
水晶
美甲专用胶
白色丙烯颜料

步骤

步骤 1
刷一层黑色甲油，待干。

步骤 2
再刷一层黑色甲油，待干。

步骤 3
刷上一层亮油。

步骤 4
用白色颜料画出心形。

步骤 5
在心的旁边添加装饰，并用美甲专用胶沿其形状贴上钢珠。

步骤 6
刷一层亮油。

步骤 7
再用美甲专用胶贴几颗水晶。

步骤 8
完成。

彻底清除甲油

洗甲水
化妆棉

步骤 *1*

在化妆棉上倒适量洗甲水。

步骤 *2*

把蘸有洗甲水的化妆棉放在甲面上轻敷 10 秒左右。

步骤 *3*

用手捏住化妆棉，使其覆盖整个甲面。

步骤 *4*

将化妆棉由指甲根部朝指尖处稍用力擦拭。

步骤 *5*

仔细查看甲面上是否还有残留的甲油。将残留甲油擦拭干净即可。

第二部分

——玩转美甲色彩——100% 提升人气

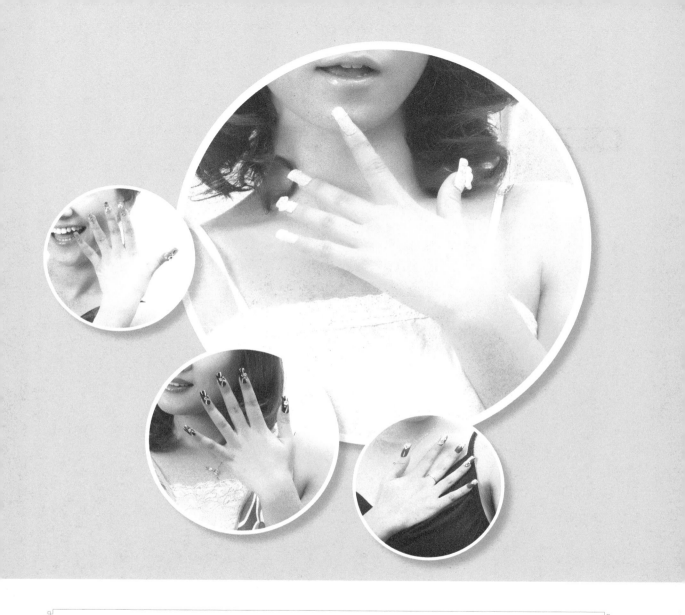

每种颜色都有独特的魅力，巧妙地利用各种色彩，能够为整体搭配加分！

红色让人感觉温暖、热情、兴奋、积极；黄色代表华丽、高贵、明快，让人感觉快乐、幸福；绿色是一种美丽、优雅的颜色，象征生命、希望、宽容；蓝色代表理性，给人清爽、干净的感觉；紫色神秘而有魅力；白色则是流行的经典色……哪种颜色更吸引你呢？

蕾丝兔 · 嫩绿色

嫩绿色展现了大自然的活力、春天的喜悦以及生命的蓬勃，与黄色、粉红色、白色相搭配能给人以青春、欢快的感觉。

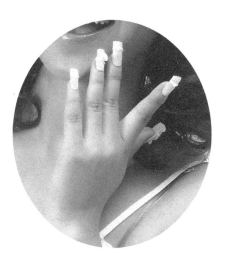

美甲工具

镊子

美甲材料

绿色甲油
蕾丝花边
亮油
兔子饰品
亮钻
珍珠
美甲专用胶

步 骤

步骤 1

先后刷两层绿色甲油，待干。

步骤 2

撕下一条蕾丝花边。

步骤 3

贴到甲面上。

步骤 4

紧挨着再粘一条蕾丝花边。

步骤 5

刷一层亮油。

步骤 6

在合适的位置用美甲专用胶贴的一个兔子饰品。

步骤 7

最后用美甲专用胶在边角位置贴几颗珍珠以及亮钻。完成。

银 · 纯洁

点 评 银色是沉稳的颜色，代表高尚、尊贵、纯洁和永恒。

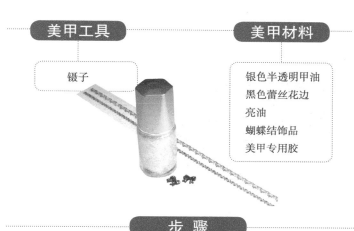

美甲工具

镊子

美甲材料

银色半透明甲油
黑色蕾丝花边
亮油
蝴蝶结饰品
美甲专用胶

步 骤

步骤 1
刷一层银色半透明甲油，待干。

步骤 2
再刷一层银色半透明甲油，待干。

步骤 3
斜斜地贴一道黑色蕾丝花边。

步骤 4
刷一层亮油。

步骤 5
用美甲专用胶贴上一个蝴蝶结饰品。

步骤 6
完成。

黑 · 经典

　黑色给人性感、成熟、理性的感觉，是一款相当经典的用色，可以与很多颜色的服装相搭配，但是建议在日常生活中尽量避免大面积黑色甲油的运用。

镊子
彩绘笔

黑色甲油
金色甲油
白色丙烯颜料
亮钻
银色拉线笔
美甲专用胶

步 骤

步骤 1

刷一层黑色甲油，待干。

步骤 2

再刷一层黑色甲油，待干。

步骤 3

用白色颜料画四条花纹。

步骤 4

用金色甲油在白色花纹旁边再勾勒出花纹。

步骤 5

用美甲专用胶贴一颗大钻以及一颗小钻。

步骤 6

完成。

紫 · 高贵

点 评　　紫色是由热烈的红色和冷冽的蓝色调和而成，有神
秘、高贵、优雅之感。与白色、蓝色的服装相搭配效果
很好，也可以用于足部美甲。

美甲工具

镊子
彩绘笔
点棒

美甲材料

紫色甲油
白色丙烯颜料
白色蕾丝花边
亮钻
亮油
美甲专用胶

步 骤

步骤 *1*
刷一层紫色甲油，待干。

步骤 *2*
再刷一层紫色甲油，待干。

步骤 *3*
贴一条白色蕾丝花边。

步骤 *4*
用白色颜料画出一片花瓣。

步骤 *5*
再画几片花瓣，并点上花蕊。

步骤 *6*
刷一层亮油。

步骤 *7*
用美甲专用胶贴上几颗亮钻，再画出一朵小一些的花。

步骤 *8*
完成。

永恒·深蓝

　　蓝色是永恒的象征，亦是冷感的色彩，非常纯净。通常让人联想到海洋、天空、水和宇宙；表达出一种冷静、理智、安详与广阔的感觉。

美甲工具

镊子

美甲材料

深蓝色甲油
亮钻
珍珠
蝴蝶结饰品
水贴花纸
美甲专用胶

步骤

步骤 1
刷一层深蓝色甲油，待干。

步骤 2
再刷一层深蓝色甲油，待干。

步骤 3
用美甲专用胶在中间位置斜着贴一个蝴蝶结饰品。

步骤 4
在右边角上贴一丛水贴花纸。

步骤 5
用美甲专用胶在右下角贴一颗珍珠。

步骤 6
画上一些装饰图案，并用美甲专用胶贴上亮钻。

步骤 7
完成。

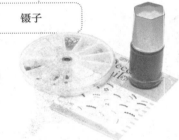

红 · 诱惑

点 评

　　红色是一种使人振奋的颜色，它高贵、华丽、热情洋溢。红色指甲油非常引人注目，可以跟黑、白、灰等颜色的衣服相搭配，亦可以跟其他暖色的服装相搭配。

美甲工具

彩绘笔

美甲材料

黄色、黑色丙烯颜料
红色甲油
亮油

步 骤

步骤 *1*
刷一层红色甲油，待干。

步骤 *2*
再刷一层红色甲油，待干。

步骤 *3*
用调配好的颜料画出几朵云彩。

步骤 *4*
对细节部分进行修改。

步骤 *5*
用黑色的颜料勾边。

步骤 *6*
刷一层亮油。

步骤 *7*
完成。

创意·玫红

 点 评

　　不是嫩嫩的粉色，也不是纯正的大红色，而是略带荧光感的玫红色。玫红色能在整体上提亮色调，但难以搭配，与白色服装相搭配，可彰显成熟气质。

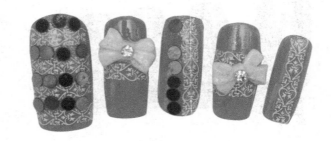

美甲工具
镊子

美甲材料
粉色甲油
七彩亮粉甲油
各色亮片
白色蕾丝花边
亮油

步 骤

步骤 *1*
先后刷两层粉色甲油，待干。

步骤 *2*
再刷一层七彩亮粉甲油，待干。

步骤 *3*
在甲面左侧垂直贴一条白色蕾丝花边。

步骤 *4*
刷亮油。

步骤 *5*
贴上亮片。

步骤 *6*
可间隔用不同的颜色使其产生变化。

步骤 *7*
完成。

欢动·橙黄

美甲工具

锅子

美甲材料

橘色甲油　　　小熊饰品
棒棒糖饰品　　美甲专用胶
亮片

步 骤

步骤 1

刷一层橘色甲油，待干。

步骤 2

再刷一层橘色甲油，待干

步骤 3

用美甲专用胶贴一个棒棒糖饰品。

步骤 4

贴上两片亮片。

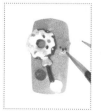

步骤 5

在合适的位置用美甲专用胶贴上一个小熊饰品。

步骤 6

完成。

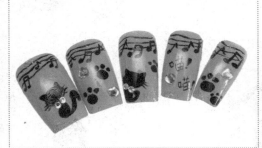

第三部分

四季花语

—— 绽放活力本色

　　四季变换，时光流转，青春绚丽多姿。

　　春风中，是清新乖巧的邻家小妹；夏夜时，变身光芒四射的派对女王；秋日暖阳下，淡妆娥眉做个轻熟女；冬雪纷扬，加点暖色，最贴心。

　　不用感叹时光的流逝，抓住青春里的每一时刻，四季再变换，也能展示出自己的独特魅力。

春·喜气洋洋

 　　春是四季之首，是万物开始生长的季节。在这个四季的开端，给自己的指甲描绘上一幅美景，让每个细节都分外多姿。

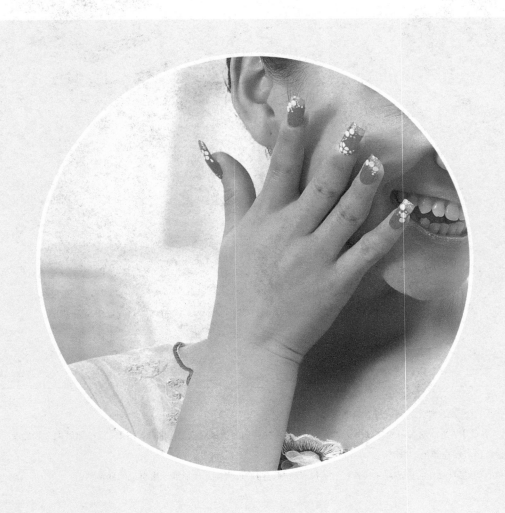

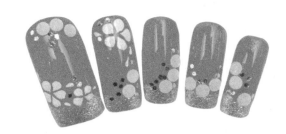

美甲工具

镊子
彩绘笔

美甲材料

玫红色甲油
白色丙烯颜料
银色亮片
银色拉线笔

步 骤

步骤 1
刷一层玫红色甲油，待干。

步骤 2
再刷一层玫红色甲油，待干。

步骤 3
在甲片顶端用银色拉线笔刷一道圆弧。

步骤 4
用白色颜料画两朵花。

步骤 5
在底端贴一些亮片。

步骤 6
完成。

春 · 朝气蓬勃

 枯黄的草丛中露出一两棵嫩绿的小草，柳树上发了新芽，泥土下蚯蚓在穿行。暖暖的春天万物渐渐苏醒。这个季节给自己换上一幅春意盎然的甲油吧！

美甲工具

彩绘笔　　指甲钳

美甲材料

橘色、白色丙烯颜料　亮油
浅绿色甲油　　　　　银色拉线笔

步 骤

步骤 1

先把指甲修剪成合适的形状。

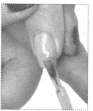

步骤 2

刷一层浅绿色甲油，待干。

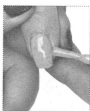

步骤 3

再刷一层浅绿色甲油，待干。

步骤 4

用白色颜料画出如图花纹。

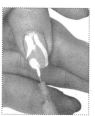

步骤 5

接着画出另外的花纹。

步骤 6

紧挨着白色花纹，用橘色颜料添上色彩。

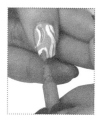

步骤 7

用银色拉线笔添上一些点缀。

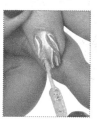

步骤 8

刷一层亮油。

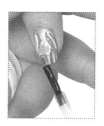

步骤 9

完成。

夏·绽放生命

 生如夏花，如约绽放。夏季是一个绽放的季节，跟着热情的玫瑰尽情展现青春的本色吧！

美甲工具

彩绘笔

美甲材料

白色甲油
银色拉线笔
黑色丙烯颜料

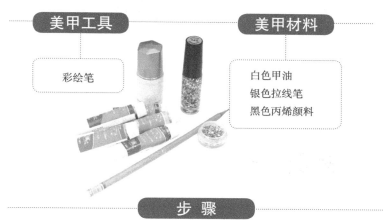

步骤

步骤 1
先后刷两层白色
甲油，待干。

步骤 2
在左边用拉线
笔画上银色的
圆弧。

步骤 3
在右下角用黑色
颜料画出花蕊。

步骤 4
画出两片花瓣。

步骤 5
接着画出外围的
花瓣。

步骤 6
再画一朵小花以
及叶子。

步骤 7
最后画上花藤和
小叶子。完成。

夏 · 饰全饰美

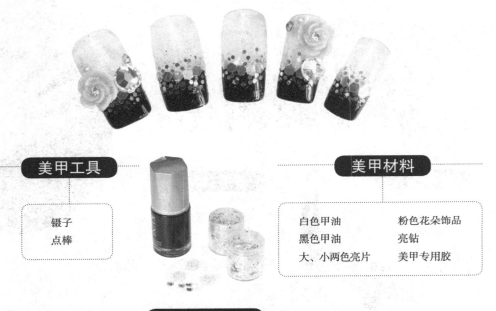

镊子
点棒

美甲材料

白色甲油　　　粉色花朵饰品
黑色甲油　　　亮钻
大、小两色亮片　美甲专用胶

步　骤

步骤 1

在白色甲片上刷一层带有一定弧度的黑色甲油，待干。

步骤 2

再刷一层黑色甲油，待干。

步骤 3

在交界处贴上一些大的银色亮片。

步骤 4

再贴上一些小亮片。

步骤 5

用美甲专用胶贴上一个粉色的花朵饰品。

步骤 6

同理，再贴上一颗大亮钻。完成。

夏·简单爱

美甲工具

镲子

美甲材料

白色甲油
亮油
闪粉
银色拉线笔
亮钻
粉色花朵饰品
美甲专用胶

步 骤

步骤 1

先后刷两层白色甲油，待干。

步骤 2

刷一层亮油，待干。

步骤 3

用拉线笔画一道条纹。

步骤 4

刷一些闪粉。

步骤 5

再刷一层亮油。

步骤 6

用美甲专用胶贴上一个粉色的花朵饰品。

步骤 7

同理，再贴上几颗亮钻。完成。

秋·秋之果

步骤

步骤 1
在海绵上刷两道不同颜色的甲油。

步骤 2
将海绵上的甲油沾到甲片上。

步骤 3
刷一层亮油，待干。

步骤 4
用红色颜料在甲面画出一个草莓。

步骤 5
用绿色颜料画出叶子。

步骤 6
用黑色颜料在草莓上点一些小黑点。

步骤 7
用美甲专用胶贴上一些亮钻。

步骤 8
完成。

秋·沉淀收获

美甲工具

镊子

美甲材料

枫叶红色甲油
白色蕾丝花边
亮油
亮钻
美甲专用胶

步 骤

步骤 1

刷一层枫叶红色甲油，待干。

步骤 2

再刷一层枫叶红色甲油，待干。

步骤 3

在顶端贴上一条魄蕾丝花边。

步骤 4

刷一层亮油。

步骤 5

在底端的中间位置用美甲专用胶贴上两颗亮钻。

步骤 6

完成。

彩绘笔

暗蓝色甲油
亮油
黑色、白色、红色丙烯颜料

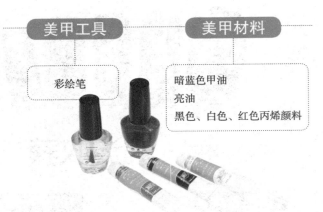

冬·雪人彩绘

步 骤

步骤 1
先后刷两层暗蓝色甲油,待干。

步骤 2
用白色颜料画一朵雪花。

步骤 3
画出雪花的边角花纹。

步骤 4
在每条边的上方点上一个白色小圆点。

步骤 5
画出雪人的身子。

步骤 6
用黑色颜料画出雪人的帽子。

步骤 7
画上眼睛、鼻子和围巾等。

步骤 8
在各个边角上画一些圆点状的雪花。

步骤 9
最后刷一层亮油。完成。

冬·太阳花

美甲工具　　　　美甲材料

镊子

橘色甲油
向日葵水贴花纸
亮油
亮钻
珍珠
美甲专用胶

步　骤

步骤 1
先刷一层橘色甲油，待干。

步骤 2
再刷一层橘色甲油，待干。

步骤 3
剪一朵向日葵水贴花纸浸泡到水中。

步骤 4
浸泡2分钟左右，撕下来贴到甲面上。

步骤 5
刷一层亮油。

步骤 6
用美甲专用胶贴上亮钻和珍珠。

步骤 7
完成。

第四部分

——百变美甲
我的个性我做主

给人留下深刻的印象，是靠精心描画一个早上的妆容，还是穿戴价值不菲的名牌服饰？

其实能展现你独特个性的方法有很多，细节处的别出心裁也能让人体会得到。无论是清纯娇媚还是前卫妖冶，指尖也能展现无遗。

现在就让独特的个性展现在美妙的甲片上吧！

纯爱 · 豹纹

点 评　　纯真的粉红色，加上性感的豹纹，两者的结合，就是百变女孩，既可爱又热情。这就是纯爱款的豹纹。

镊子
彩绘笔
点棒

美甲材料

浅粉色甲油
深粉色甲油
黄色、褐色丙烯颜料
花朵饰品
亮油
小钢珠
大小珍珠
粉水晶
美甲专用胶

步 骤

步骤 1
先后刷两层浅粉色甲油，待干。

步骤 2
在右上半部分刷一层深粉色甲油，待干。

步骤 3
用黄色颜料在左下浅粉色部位画上一些豹纹。

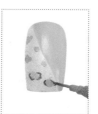

步骤 4
用褐色颜料勾勒豹纹边缘。

步骤 5
刷一层亮油。

步骤 6
在两色相接的地方用美甲专用胶贴上一些小钢珠。

步骤 7
同理，在中间部分贴上一颗粉水晶。

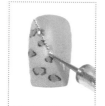

步骤 8
同理，再贴一颗珍珠。

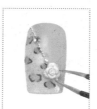

步骤 9
最后，贴上一朵花进行装饰。

步骤 10
完成。

宠爱·心情

点 评 　心灵手巧、自信活泼的女孩，想永远可爱，被亲爱
的他一辈子捧在手心。

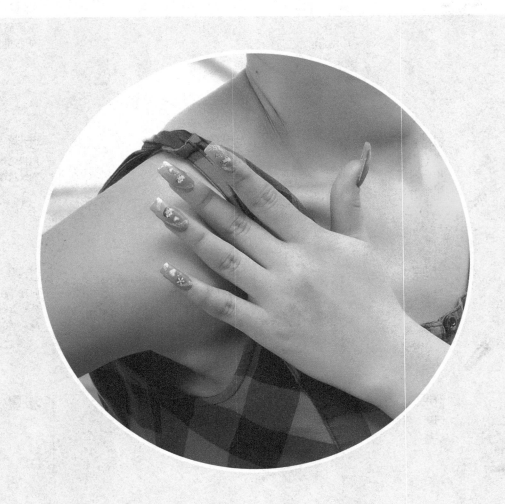

美甲工具

锯子

美甲材料

淡紫色甲油
小猫水贴花
银色拉线笔

步 骤

步骤 1
刷一层淡紫色甲油，待干。

步骤 2
再刷一层淡紫色甲油，待干。

步骤 3
剪一个小猫的水贴花浸泡到水中。

步骤 4
用锯子撕下来贴到甲面上。

步骤 5
用拉线笔在甲面上、下两端斜斜地画上两道进行装饰。

步骤 6
完成。

闪亮·甜梦

点 评 　　亮片与蝴蝶结，适合装点一个慵懒又甜美的星期天。可爱女孩的休闲时光，就要有一份好心情。

镊子
点棒

美甲材料

白色丙烯颜料
浅蓝色甲油
亮油
各种大小的亮片
蝴蝶结饰品
美甲专用胶

步 骤

步骤 1

刷一层浅蓝色甲油，待干。

步骤 2

再刷一层浅蓝色甲油，待干。

步骤 3

用点棒蘸一点白色颜料在甲面下方点几个点。

步骤 4

在上方贴几片亮片，并刷一层亮油。

步骤 5

用点棒贴一些亮片。

步骤 6

用美甲专用胶贴一个蝴蝶结。

步骤 7

完成。

浪漫 · 玫瑰

点 评　　　要做一朵玫瑰，柔情甜蜜让人想要亲近，知性优雅
让人嗅到芬芳。法式的轻熟浪漫，在指间悄然绽放。

美甲工具

镊子

美甲材料

淡粉色甲油
深红色甲油
银色拉线笔
金属花朵饰品
亮钻
美甲专用胶

步　骤

步骤 1

先刷一层淡粉色甲油，待干。

步骤 2

再刷一层淡粉色甲油，待干。

步骤 3

在前端刷一圈深红色甲油。

步骤 4

在两色交界处用银色拉线笔刷一道。

步骤 5

用美甲专用胶贴上两朵金属花朵饰品。

步骤 6

最后贴几颗亮钻。完成。

公主·童话

蕾丝花边、五彩气球、色彩缤纷的肥皂泡泡……只会出现在童话中吗？看，湛蓝色的天空、星星般点缀的圆圈和精致的蕾丝，让童话在指尖上跳跃，悄然来到你的身旁吧！

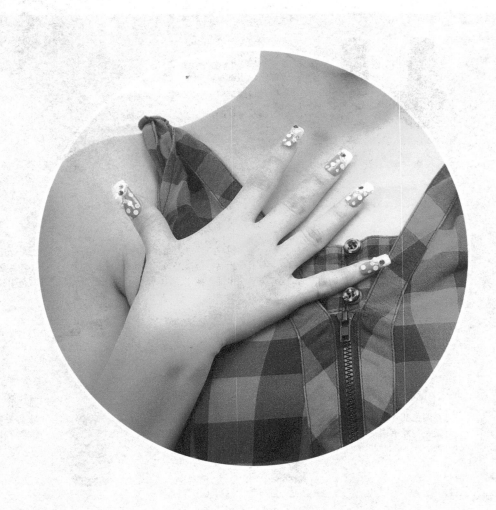

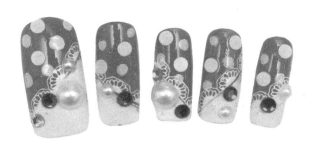

美甲工具

锓子

美甲材料

天蓝色甲油
白色甲油
白色蕾丝花边
亮片
三色亮钻
珍珠
美甲专用胶

步骤 1
如左图示先刷一半天蓝色甲油，待干。

步 骤

步骤 2
再在上一步的甲油上刷一层天蓝色甲油，待干。

步骤 3
在没有颜色的地方刷上白色甲油，待干。

步骤 4
在交界处贴上一条蕾丝花边。

步骤 5
在天蓝色甲油上贴几个亮片。

步骤 6
用美甲专用胶在白色甲油上贴一颗珍珠和几颗亮钻。

步骤 7
完成。

星耀 · 女神

尊贵典雅的闪亮金红，让你在举手投足间光芒四射！
灯火阑珊处，回眸一瞬间，犹如午夜女神降临……

步 骤

步骤 1

先刷一层金红色甲油，待干。

步骤 2

再刷一层金红色甲油，待干。

步骤 3

在甲面上方用银色拉线笔刷出如左图所示的方格。

步骤 4

并用美甲专用胶在银色的位置贴一个蝴蝶结饰品。

步骤 5

同理，在方格边线上贴两颗亮钻。

步骤 6

最后沿方格线贴几颗亮钻。完成。

果漾·生活

就是爱水果，爱营养丰富的柠檬和猕猴桃。也爱苹果的脆，西瓜的甜，日子就是这样有滋有味！

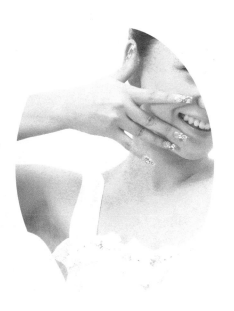

美甲工具

镊子

美甲材料

蓝色甲油
银色拉线笔
水果饰品
珍珠
亮钻
美甲专用胶

步　骤

步骤 *1*
在甲面中间刷一道蓝色甲油，待干。

步骤 *2*
再在相同位置刷一层蓝色甲油，待干。

步骤 *3*
在两边用拉线笔刷两道银色。

步骤 *4*
用美甲专用胶贴上水果饰品。

步骤 *5*
同理，贴上珍珠和亮钻。

步骤 *6*
完成。

撞色·花拼

撞色最闪亮，碰撞更夺目，我是人群中最耀眼的那一个！

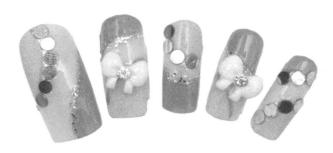

镊子

美甲材料

红色甲油
绿色甲油
黄色甲油
银色拉线笔
蝴蝶结饰品
银色亮片
美甲专用胶

步骤

步骤 1

从红色起，先刷上黄、绿、红三种不同颜色的甲油，待干。

步骤 2

再刷一遍三种同样颜色的甲油，待干。

步骤 3

在黄、绿两色交界处斜贴一排银色亮片。

步骤 4

在绿、红两色交界处用银色拉线笔刷上一道。

步骤 5

用美甲专用胶贴一个蝴蝶结饰品。

步骤 6

完成。

亲近 · 自然

不爱凑热闹，不愿受瞩目，又不甘默默无闻，就可以选择这一款图案。绿底鎏金，如同一杯好茶，潜心敛神，暗嗅幽香。

镊子

美甲材料

绿色带闪甲油
亮油
金色锡箔纸
亮钻
美甲专用胶

步 骤

步骤 *1*
先刷一层绿色带闪甲油，待干。

步骤 *2*
再刷一层绿色带闪甲油，待干。

步骤 *3*
在整个甲面刷一层亮油。

步骤 *4*
把金色锡箔纸碾碎贴到甲片上。

步骤 *5*
用美甲专用胶贴几颗大小不等、颜色各异的亮钻。

步骤 *6*
完成。

烁金·百合

明亮与柔和交织呈现，雍容与淡然汇聚一处，水晶闪闪，百合点缀，仿佛带来满室馨香。

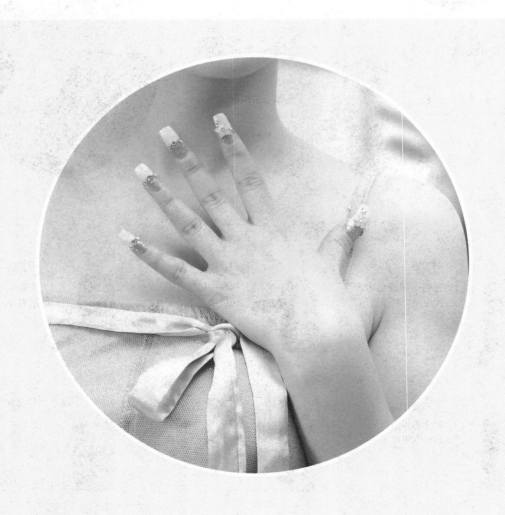

美甲工具

镊子

美甲材料

淡黄色甲油
金色亮粉甲油
亮油
粉色花朵饰品
金色、银色亮钻
美甲专用胶

步 骤

步骤 *1*
先刷一层淡黄色甲油，待干。

步骤 *2*
再刷一层淡黄色甲油，待干。

步骤 *3*
在底端刷一层金色亮粉甲油。

步骤 *4*
刷一层亮油。

步骤 *5*
用美甲专用胶贴几颗金色亮钻。

步骤 *6*
再用美甲专用胶贴一个粉色花朵饰品。

步骤 *7*
最后贴两颗银色亮钻。完成。

复古·格调

点 评 　金色和红色的搭配，尽显复古格调。法式美甲也可以变换出不同的色彩，展示不同的个性。

美甲工具

指甲钳
砂条

美甲材料

底油
金色甲油
红色甲油

步 骤

步骤 1

先把指甲修剪到
自己想要的长度。

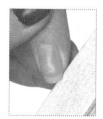

步骤 2

再把甲面修剪成
方圆形。

步骤 3

涂一层底油。

步骤 4

从指甲前端开
始涂一道红色
甲油。

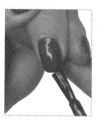

步骤 5

然后均匀涂满
整个甲面。

步骤 6

待甲油干透，再
涂第二遍。

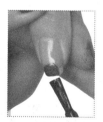

步骤 7

在指甲前端刷上
一道金色甲油。

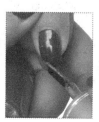

步骤 8

完成。

安静·温婉

 　　一切都是淡淡地，淡淡地开心，淡淡地得意；一切美好深藏心底，只留指间展现淡淡的心情。

美甲工具

> 指甲钳
> 镊子

美甲材料

> 底油
> 珠光甲油
> 白色甲油
> 亮油
> 亮片
> 亮钻
> 美甲专用胶

步　骤

步骤 *1*

先把指甲修成合适形状。

步骤 *2*

刷一层底油。

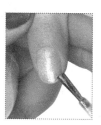

步骤 *3*

刷一层珠光甲油。

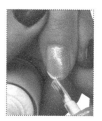

步骤 *4*

在前端刷一层白色甲油。

步骤 *5*

刷一层亮油。

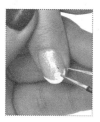

步骤 *6*

用美甲专用胶贴上亮钻和亮片。

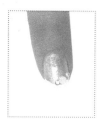

步骤 *7*

完成。

暗香·玫瑰

点 评　黑与白的经典搭配，简约个性的玫瑰图案，描画出干练、冷静、智慧的职场形象，这是专属白领丽人的经典款式。

指甲钳
砂条
彩绘笔

黑色甲油
银色拉线笔
白色丙烯颜料

步 骤

步骤 1
先把指甲剪到合适长度。

步骤 2
打磨边角，把指甲修成椭圆形。

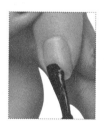

步骤 3
先在指甲前端刷上黑色甲油。

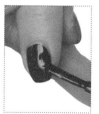

步骤 4
然后将整个甲面刷上黑色甲油。

步骤 5
干后，用银色拉线笔在两边各画两条线。

步骤 6
用白色颜料画花蕊。

步骤 7
勾勒花瓣。

步骤 8
完成。

雨季·青春

总想摘一朵花插在发间，但又不忍伤害娇嫩的生命。
不如就把花朵绘在指尖吧！

美甲工具

指甲钳
镊子
彩绘笔

美甲材料

灰绿色甲油
绿色亮粉甲油
亮油
亮钻
金色钢珠
白色丙烯颜料
美甲专用胶

步 骤

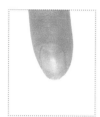

步骤 1

先把指甲修剪成椭圆形。

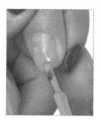

步骤 2

先在指甲前端刷上灰绿色甲油，待干。

步骤 3

再在整个甲面刷上灰绿色甲油，待干。

步骤 4

用彩绘笔蘸白色颜料绘出花朵。

步骤 5

在边角点上一些白点作点缀。

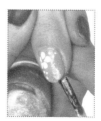

步骤 6

在前端刷一层绿色亮粉甲油。

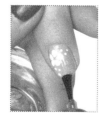

步骤 7

刷一层亮油。

步骤 8

用美甲专用胶贴上亮钻和金色钢珠。

步骤 9

完成。

优雅 · 经典

美甲工具

白色甲油
浅蓝色甲油
深蓝色甲油
亮油
银色拉线笔
蓝色拉线笔

镊子

步骤 1
在甲面左下角刷一层浅蓝色甲油。

步骤 2
紧接着再刷一道深蓝色甲油，待干。

步骤 3
在原来的浅蓝色位置再刷一层相同颜色的甲油。

步骤 4
在原来的深蓝色位置再刷一层相同颜色的甲油。

步骤 5
用拉线笔在两色相间的位置画一条银色的线。

步骤 6
在深蓝色上方同样画一条银色的线。

步骤 7
刷一层亮油。便可在甲面上任意想象并装饰了。

美甲工具

镶子

美甲材料

粉色甲油
白色甲油
亮油
银色拉线笔

温柔 · 清新

步 骤

步骤 1
刷一层粉色甲油，待干。

步骤 2
再刷一层粉色甲油，待干。

步骤 3
在左边角用白色甲油刷上斜斜的一个三角形。

步骤 4
在右边作同样的处理。

步骤 5
把中间填补成圆弧形，待干。

步骤 6
在白色位置刷一层白色甲油。

步骤 7
用拉线笔在两色相间地方画上一道。

步骤 8
给整个甲面刷一层亮油。

步骤 9
完成后便可以在甲面上任意想象并装饰了。

第五部分

——超人气女王

场合变换

　　不同的场合，需要变换不同的风格。一次甜蜜的约会，要让对方感受你的美，倾慕你的内涵，那么甜美清新的感觉必不可少；在职场宴会这样正式、严肃的场合，一般选用隆重的暗色系；生活中可以根据当天的衣着装扮改变风格，时尚派对、朋友聚会时可以打扮得更加突出、更加个性，让别人一眼就看到与众不同的你，成为当之无愧的百变女王！

职场·宴会

点 评　　职场宴会属于正式场合，从服装、饰品到每一个细节都要讲究，美甲自然也不容忽略。这款美甲图案内敛而不失华丽，展示了成熟女性的稳重魅力。

美甲工具

镊子

美甲材料

赭色甲油
亮钻
金色方形亮片
美甲专用胶

步 骤

步骤 1

先刷一层赭色甲油，待干。

步骤 2

再刷一层赭色甲油，待干。

步骤 3

在左下角用美甲专用胶把四块亮片贴成方形。

步骤 4

在右上角也同样将亮片贴成方形。

步骤 5

再用美甲专用胶贴三颗大小不等的亮钻。

步骤 6

完成。

职场·派对

职场派对是工作之余的休闲活动，在这种非正式场合，想要脱颖而出也是需要花心思的，这款自然随意但不失精致的指甲就是不错的选择。

指甲钳
镊子

白色甲油
黑色甲油
亮油
黑色蕾丝花边
亮钻
美甲专用胶

步 骤

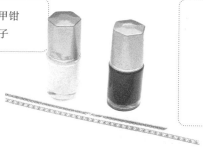

步骤 1
把指甲修成椭圆形。

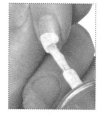

步骤 2
先在指甲前端刷上白色甲油。

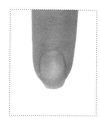

步骤 3
再在整个甲面刷上白色甲油。

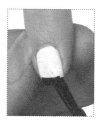

步骤 4
干后，在指甲前端刷一道黑色甲油。

步骤 5
在两色交界处贴上黑色蕾丝花边。

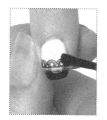

步骤 6
刷一层亮油。

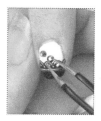

步骤 7
用美甲专用胶贴上几颗亮钻。

步骤 8
完成。

结婚·宴会1

点 评　　宴会是音乐与美酒的海洋，想要展示独特个性，就
需要从细节着手。这一款温婉风的指甲，尤其适合个性
低调的女孩。

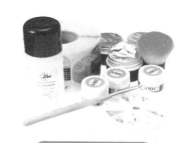

美甲工具

光疗纸托
指甲钳
指甲锉
砂条
抛光棒
光疗灯
化妆棉

美甲材料

粉红色彩绘胶 洗甲水
白色彩绘胶   蕾丝花边
透明延长胶   花朵饰品
免洗封层胶   美甲专用胶
亮油   闪粉
亮钻   浅粉色、深
              粉色丙烯颜料

步 骤

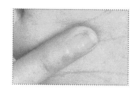

步骤 1
把指甲修剪到
适当长短。

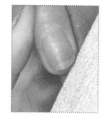

步骤 2
打磨边角。

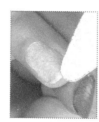

步骤 3
把甲面磨成网格
状。

步骤 4
上好纸托。

步骤 5
把下端贴牢固。

步骤 6
先刷一层粉红色
彩绘胶作底色。

步骤 7
放入光疗灯中
照30秒左右。

步骤 8
再刷一层白色彩
绘胶。

步骤 9
在甲面上点闪粉。

步骤 10
刷上透明延长
胶。

步骤 *11*

放入光疗灯中照 2~3 分钟。

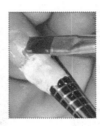

步骤 *12*

再刷一层延长胶填补空白地方。

步骤 *13*

放入光疗灯中照 2~3 分钟。

步骤 *14*

取下纸托。

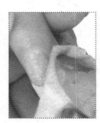

步骤 *15*

用化妆棉蘸洗甲水进行擦拭。

步骤 *16*

用指甲锉修磨多余指甲。

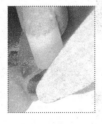

步骤 *17*

对整个甲面进行打磨，将指甲磨薄一点。

步骤 *18*

用抛光棒抛光甲面。

步骤 *19*

用蘸有洗甲水的化妆棉擦拭甲面。

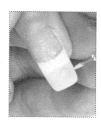

步骤 *20*

用浅粉色颜料描绘出水渍一样的形状。

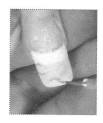

步骤 *21*

用深粉色勾边。

步骤 *22*

贴一条蕾丝花边。

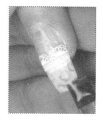

步骤 *23*

刷一层免洗封层胶。

步骤 *24*

放入光疗灯中照2~3分钟。

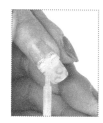

步骤 *25*

刷一层亮油。

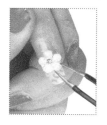

步骤 *26*

贴上花朵饰品。

步骤 *27*

用美甲专用胶贴几颗亮钻。

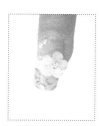

步骤 *28*

完成。

结婚·宴会 2

点 评　　浅粉紫色法式美甲展现了淡淡的优雅和低调的高贵，用在婚宴等大型场合，既能展示自己的美，又能表现出对他人的尊重。

美甲工具

指甲钳
砂条
抛光棒
光疗灯
化妆棉
纸巾

美甲材料

甲片　　　　亮油
光疗底胶　　洗甲水
美甲专用胶　紫色闪粉
透明延长胶　蝴蝶结饰品
免洗封层胶

步　骤

步骤 1
打磨指甲边角，
把甲面磨成网格
状。

步骤 2
注意把前端打磨
薄一些，用纸巾
擦净指甲表面。

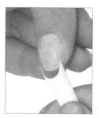

步骤 3
比对甲片型号。

步骤 4
在适合的甲片上蘸
美甲专用胶水。

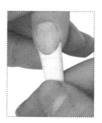

步骤 5
将甲片贴到真
甲上。

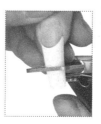

步骤 6
把甲片剪到合适
的长度。

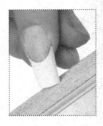

步骤 7

打磨甲片的边角部分。

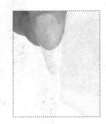

步骤 8

用化妆棉蘸洗甲水擦拭整个甲面。

步骤 9

刷一层光疗底胶。

步骤 10

放入光疗灯中照1~2分钟。

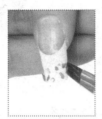

步骤 11

在指甲表面上蘸一些紫色闪粉。

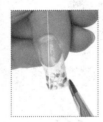

步骤 12

刷一层透明延长胶。

步骤 13

放入光疗灯中照2~3分钟。

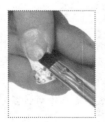

步骤 14

再刷一层透明延长胶。

步骤 15

放入光疗灯中照2~3分钟。

步骤 *16*

用化妆棉蘸洗甲水擦拭整个甲面。

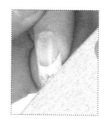

步骤 *17*

对整个甲面进行打磨，把指甲磨薄一点。

步骤 *18*

用抛光棒抛光甲面。

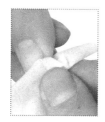

步骤 *19*

用蘸有洗甲水的化妆棉擦拭甲面。

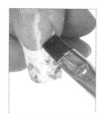

步骤 *20*

刷一层免洗封层胶。

步骤 *21*

放入光疗灯中照2~3分钟。

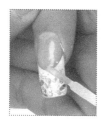

步骤 *22*

刷一层亮油。

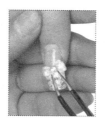

步骤 *23*

用美甲专用胶贴一个蝴蝶结饰品。

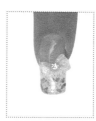

步骤 *24*

完成。

朋友·聚会 1

金色是闪耀的颜色，让人觉得盛气凌人，但再用粉色的花朵点缀其上，既弱化了气势还保留了美感，让人感觉温柔而时尚。这款指甲比较适合朋友聚会等一系列休闲场合。

镊子
小剪子

美甲材料

金色甲油
各色亮钻
水贴花纸
美甲专用胶

步　骤

步骤 1

刷一层金色甲油，待干。

步骤 2

再刷一层金色甲油，待干。

步骤 3

剪下一朵水贴花浸泡到水中。

步骤 4

2~3分钟后，将花样撕下来贴在甲面上。

步骤 5

用美甲专用胶贴上两颗大小和颜色各不相同的亮钻。

步骤 6

完成。

朋友 · 聚会 2

点 评 朋友聚会当然要开开心心的，玫红色甲油带着女性特有的开朗和俏皮，在熟识的朋友面前释放自我。

美甲工具

彩绘笔

美甲材料

底油
玫红色甲油
白色丙烯颜料
亮油

步 骤

步骤 1

先把指甲修成合适形状，并刷一层底油。

步骤 2

刷一层玫红色甲油，由前端开始刷，待干。

步骤 3

再刷一层玫红色甲油，待干。

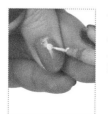

步骤 4

用白色颜料画上几个大小不同的圆点。

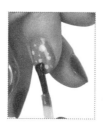

步骤 5

刷一层亮油。

步骤 6

完成。

朋友·聚会3 ■

 点 评

非正式的小聚会可以更好地展示自己的个性，这一款深红色的指甲能够将手部皮肤衬托得更加白皙，几朵金属感的花表达了它的主人对品质生活的追求。

美甲材料

深红色甲油
各色金属花朵
蕾丝花边
亮钻
美甲专用胶

步 骤

步骤 *1*

刷一层深红色甲油，待干。

步骤 *2*

再刷一层深红色甲油，待干。

步骤 *3*

在右上角贴上一条蕾丝花边。

步骤 *4*

其他方位亦然，最终用蕾丝拼贴成菱形图案。

步骤 *5*

用美甲专用胶在菱形内贴几朵金属花。

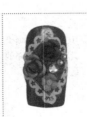

步骤 *6*

同理，再贴几颗亮钻。完成。

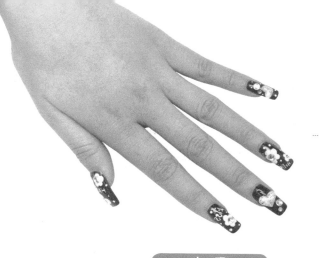

朋友·聚会 4

美甲工具

镊子
彩绘笔
光疗灯

美甲材料

水晶甲液
雕花粉
银色亮粉甲油
黑色 QQ 甲油胶
免洗封层胶
白色丙烯颜料
各种饰品

步骤

步骤 1
把指甲修成方形。

步骤 2
均匀地刷一层黑色 QQ 胶。

步骤 3
放入光疗灯中照 2~3 分钟。

步骤 4
再刷一层黑色 QQ 胶。

步骤 5
放入光疗灯中照 2~3 分钟。

步骤 6
在甲面上用白色颜料绘出花朵的形状。

步骤 7
用颜料填充整个花朵。

步骤 8
放入光疗灯中照 2~3 分钟。

步骤 9

画好另一朵花，同样放入光疗灯中。

步骤 10

写上英文单词"Hello"，然后放入光疗灯中照2~3分钟。

步骤 11

刷上免洗封层胶。

步骤 12

用美甲专用胶贴一颗水晶。

步骤 13

放入光疗灯中照2~3分钟。

步骤 14

第一个指甲完成。

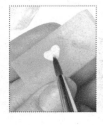

步骤 15

在模具中，点上水晶甲液，并蘸上一些雕花粉，要注意将其填充均匀。

步骤 16

搁置待干，取出心形饰物。

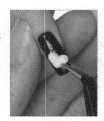

步骤 17

用美甲专用胶贴到另一个已刷好两层黑色QQ胶的指甲上。

步骤 18

放入光疗灯中照2~3分钟。

步骤 19

在心形饰物上刷一层银色亮粉甲油。

步骤 20

用美甲专用胶贴一颗亮钻。完成。

美甲工具

镊子
雕花笔

美甲材料

宝蓝色甲油
白色雕花笔
水晶甲液
银色钢珠
美甲专用胶

步 骤

步骤 1
分别刷两层宝蓝色甲油，待干。

步骤 2
用雕花笔点一点白色雕花粉蘸上水晶甲液，画出一片花瓣。

步骤 3
画出第二片花瓣。

步骤 4
画出底部的第三片花瓣。

步骤 5
在已画花瓣上一层的合适位置点上雕花粉，继续画下一片花瓣。

步骤 6
画出另外两片花瓣。

步骤 7
再画出周围的花藤。

步骤 8
点几个白色的小圆点。

步骤 9
用美甲专用胶贴几颗银色的钢珠。

步骤 10
完成。

生活·休闲 2

粉色与玫红色的跳跃渐变，仿佛生活一般绚丽多姿。
美甲就像调味剂，让生活这道菜变得更美味。

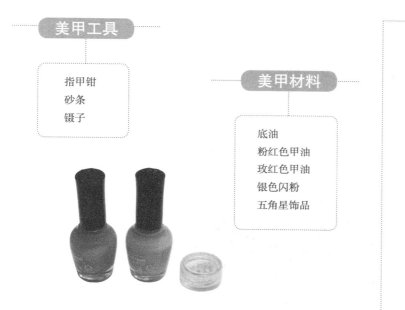

美甲工具

指甲钳
砂条
镊子

美甲材料

底油
粉红色甲油
玫红色甲油
银色闪粉
五角星饰品

步 骤

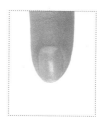

步骤 1
把甲面修剪成椭圆形。

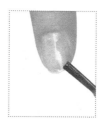

步骤 2
刷一层底油。

步骤 3
从指甲前端开始刷一道粉红色甲油。

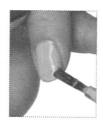

步骤 4
均匀刷满甲面。

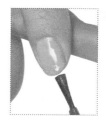

步骤 5
待甲油干后，刷第二层，并点上银色闪粉。

步骤 6
在前端刷一道圆弧形的玫红色甲油。

步骤 7
贴一些五角星饰品。

步骤 8
完成。

生活・休闲3

外出散步，在家煲剧，这大好时光里指尖上又该怎么表现呢？试试浅淡的紫色，辅以浓墨修饰，休闲时也能保持美好心情。

镊子

步　骤

步骤　1
先刷一层淡紫色
的半透明甲油，
待干。

美甲材料

浅紫色半透明甲油	白色甲油	亮片
深紫色甲油	蝴蝶结饰品	美甲专用胶

步骤　2
再刷一层,待干。

步骤　3
刷一道深紫色
甲油。

步骤　4
在前端刷一道
白色甲油。

步骤　5
在两色交界处贴
一排亮片。

步骤　6
用美甲专用胶贴
一个粉色的蝴蝶
结饰品。

步骤　7
完成。

时尚·聚会

点 评　　　喜爱时尚的你，肯定不会放过任何一个时尚聚会，那么，在这样的场合该怎样展示自己的独特魅力呢？不妨做个美甲，为你漂亮的双手"锦上添花"吧。

美甲工具

指甲钳
镊子
彩绘笔

美甲材料

亮油
浅橘色甲油
金色亮粉甲油
橘色、黑色丙烯颜料
亮钻
美甲专用胶

步骤 1
先把指甲修成合适的形状。

步骤 2
刷一层亮油。

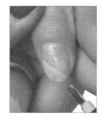

步骤 3
用浅橘色甲油涂一道圆弧。

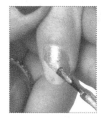

步骤 4
剩下部分刷上一层金色亮粉甲油。

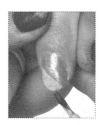

步骤 5
待干后，再在浅橘色位置刷一层同色甲油。

步骤 6
待干后，同样在金色位置刷一层同色甲油。

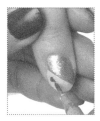

步骤 7
用橘色颜料画几个豹纹斑点。

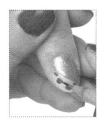

步骤 8
用黑色颜料勾边。

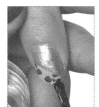

步骤 9
刷一层亮油。

步骤 10
用美甲专用胶贴一排亮钻。

步骤 11
完成。

甜蜜·约会 1

　　每个女孩心中都期待一场浪漫的约会，完美的邂逅自然少不了自信的妆容和精心搭配的衣着。当然，纤纤玉手也需要装扮噢！

美甲工具

指甲钳
砂条
抛光棒
镊子
光疗灯

美甲材料

甲片	亮油
光疗底胶	红色闪粉
透明延长胶	紫色闪粉
黑色彩胶	洗甲水
免洗封层胶	亮钻
美甲专用胶	

步 骤

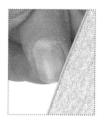

步骤 1

打磨指甲的边角部分，并注意要将前端打磨得薄一点。

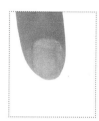

步骤 2

把甲面磨成网格状。

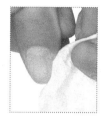

步骤 3

用纸巾擦净指甲表面。

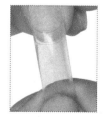

步骤 4

比对甲片型号。

步骤 5

在合适的甲片上涂美甲专用胶。

步骤 6

把甲片贴到真甲上。

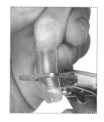

步骤 7

把甲片剪到合适的长度。

步骤 8

打磨甲片的边角部分。

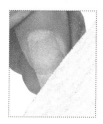

步骤 9

打磨整个甲面。

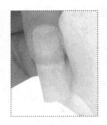

步骤 10

用化妆棉蘸洗甲水擦拭整个甲面。

步骤 11

刷一层光疗底胶。

步骤 12

放入光疗灯中照1~2分钟。

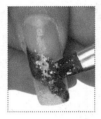

步骤 13

刷一层黑色彩胶。

步骤 14

在表面沾一些红色闪粉。

步骤 15

再沾一层紫色闪粉。

步骤 16

放入光疗灯中照2~3分钟。

步骤 17

刷一层透明延长胶。

步骤 18

放入光疗灯中照2~3分钟。

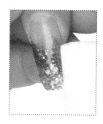

步骤 *19*

用化妆棉蘸洗甲水擦拭整个甲面。

步骤 *20*

对整个甲面进行打磨，并将指甲磨薄一些。

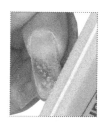

步骤 *21*

用抛光棒抛光甲面。

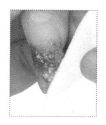

步骤 *22*

用蘸有洗甲水的化妆棉擦拭甲面。

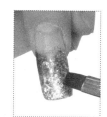

步骤 *23*

刷一层免洗封层胶。

步骤 *24*

放入光疗灯中照2~3分钟。

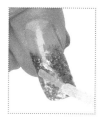

步骤 *25*

刷一层亮油。

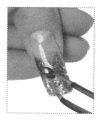

步骤 *26*

再用美甲专用胶贴上一颗亮钻。

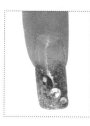

步骤 *27*

完成。

甜蜜·约会 2

点 评 不必担心自己的衣着，不必担心自己的发型，也不必考虑自己的配饰，一排可爱的指甲就能让你在他的心中加分不少。

美甲工具

指甲钳
彩绘笔

美甲材料

蓝色甲油
白色丙烯颜料
亮油

步　骤

步骤　1
将指甲修剪成合适的形状。

步骤　2
在指甲前端刷一层蓝色甲油，待干。

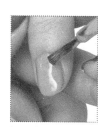

步骤　3
整个甲面再刷一层蓝色甲油。

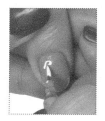

步骤　4
用白色丙烯颜料写上英文字母。

步骤　5
在字母周围点缀一些白色颜料。

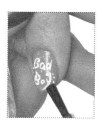

步骤　6
刷一层亮油。

步骤　7
完成。

时尚 · 派对

欣 赏 　　桃粉色的底子，纯白的圆圈，停在指间展翅欲飞的
蝴蝶；率真的笑容，蕾丝边的吊带公主裙。所有人都陶
醉在你的甜美中，原来时尚也可以如此可爱。

狂野 · 派对

欣 赏
骷髅图案一直被运用，从来不落伍，黑白相间的搭配如同曼珠沙华般绝美，充满诱惑，很适合狂欢场合。

第六部分

简简单单做出人气足甲

足甲能够将美丽延伸到脚尖，展现出迷人魅力，让你成为人群中的焦点。

足部美甲的色彩以深色系为主，并且需要根据鞋的款式和颜色来挑选。

至于画什么图案适合，那就要结合着装风格、色彩、肤色以及脚形来决定了。

让时尚在脚尖起舞吧。

性感 · 诱惑

点 评

黑色给人以成熟、性感的感觉，黑与白的色彩搭配，虽然简单，但却能展现时光的深邃与美丽。

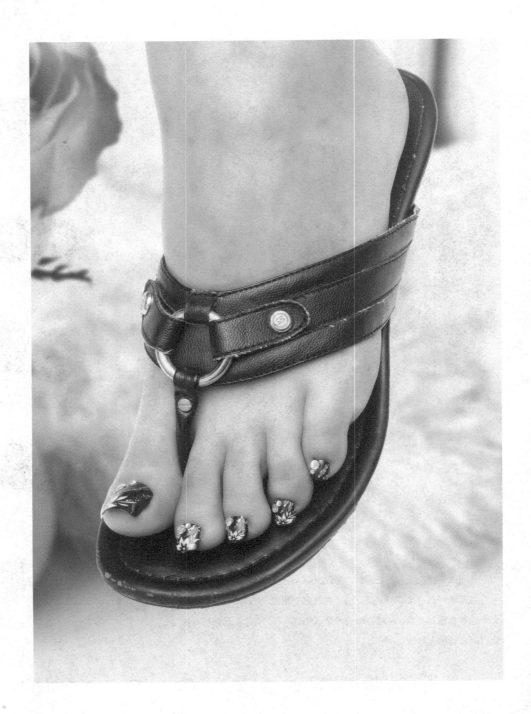

镊子

美甲材料

黑色甲油
银色拉线笔
白色花朵水贴花
亮钻
美甲专用胶

步　骤

步骤 1

先刷一层黑色甲油，待干。

步骤 2

再刷一层黑色甲油，待干。

步骤 3

用银色拉线笔在右上角斜斜地拉上两道斜线。

步骤 4

剪下一朵水贴花放在水中浸泡2分钟左右。

步骤 5

撕下水贴花贴到甲片上。

步骤 6

用美甲专用胶贴几颗亮钻。

步骤 7

完成。

热带 · 风情

蔚蓝的海面泛着点点银色的波光，金黄色的沙滩上椰树摇曳轻摆，橙、黄、靛、白、蓝五色共同演绎出浪漫的热带风情。

美甲工具

镊子　　　调色板
彩绘笔

美甲材料

黄色甲油　　　　　　　　　　　　亮钻
白色、深蓝色、天蓝色、红色、黑色丙烯颜料　美甲专用胶
粉色贴花

步骤 1

先刷一层黄色甲油，待干。

步骤 2

再刷一层黄色甲油，待干。

步骤 3

挤出五色丙烯颜料进行调色。

步骤 4

调出粉色绘在前端，调出夕阳红色绘在粉色上方。

步骤 5

下端由浅至深画上海水的蓝色。

步骤 6

画上椰子树的叶子和树干。

步骤 7

用美甲专用胶贴上一朵粉色贴花。

步骤 8

最后贴上几颗亮钻。完成。

复古·典雅

深蓝色、天蓝色和银色都带着些复古的味道，搭配上泛白牛仔布的罗马鞋，怀旧中不失新意。

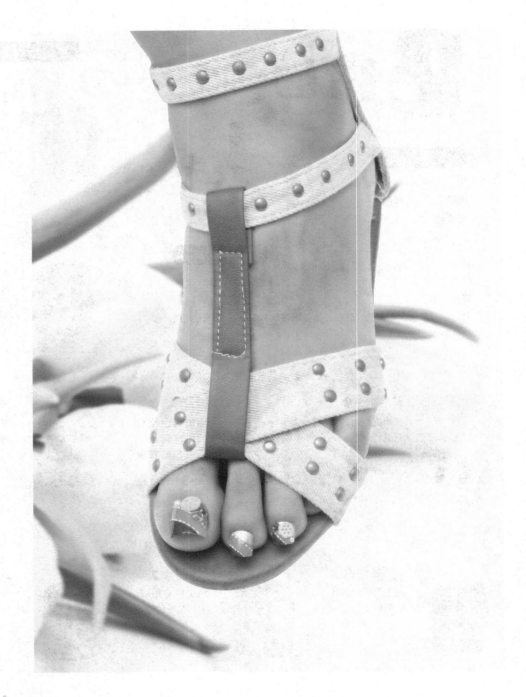

138 | ● ● ●

美甲材料

浅蓝色甲油
深蓝色甲油
银色甲油
白色丙烯颜料
亮钻等小饰品
美甲专用胶

步 骤

步骤 1

由浅至深刷上三色甲油。

步骤 2

再在同色位置刷上深蓝色甲油。

步骤 3

同理，再刷上浅蓝色甲油。

步骤 4

同理，再刷上银色甲油。

步骤 5

在不同颜色的拼接处，用白色丙烯颜料画上虚线。

步骤 6

用美甲专用胶贴上亮钻等小饰品。

步骤 7

完成。

回味·童年

可爱的粉色出现在脚尖，像一个孩子蹦跳在公园里，带上粉色小熊，好像自己还在过着六一节。可爱有趣的童年，让它留在脚尖，回味一番孩子的快乐与单纯。

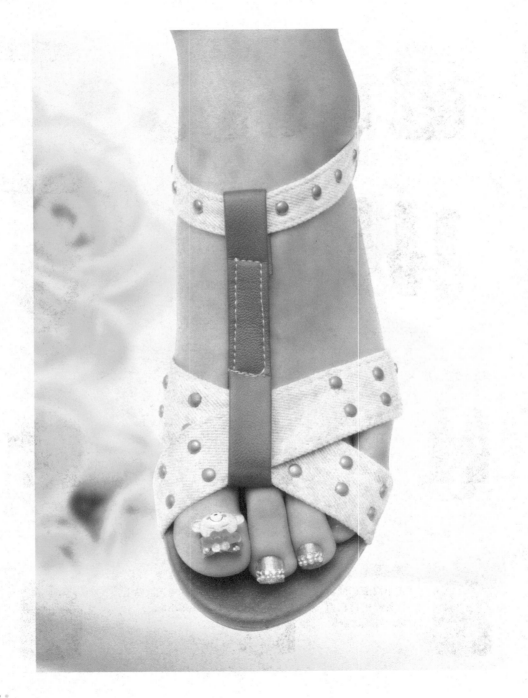

美甲工具

镊子
彩绘笔

美甲材料

淡粉色亮粉甲油
紫色亮粉甲油
亮钻
珍珠
美甲专用胶

步 骤

步骤 1
先刷一层淡粉色亮粉甲油，待干。

步骤 2
再刷一层淡粉色亮粉甲油，待干。

步骤 3
在前端刷一层紫色亮粉甲油。

步骤 4
在中间位置用美甲专用胶横向贴一排亮钻。

步骤 5
同理，再在亮钻下方贴一排珍珠。

步骤 6
完成。

韵动・流畅

黑、蓝、红、紫四色相间，中间以白色和亮钻作为间隔，展示女性如水般的性情以及她们多彩的人生。选择几种跟鞋子颜色相配的甲油，学习做一组可以代表你的心情或个性的足甲吧！

步骤 1

先刷一层黑色甲油,待干。

步骤 2

再刷一层黑色甲油,待干。

美甲工具

镊子
彩绘笔

美甲材料

黑色甲油
紫色、白色、蓝色、玫红色丙烯颜料

亮钻
美甲专用胶

步骤 3

用玫红色颜料画一道弯曲的花纹。

步骤 4

沿前一道花纹再画一道类似的蓝色花纹。

步骤 5

同理,再画一道紫色的花纹。

步骤 6

在色块的交界处用白色颜料进行划分。

步骤 7

用美甲专用胶在花纹两侧贴两排亮钻。

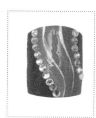

步骤 8

完成。

蓝紫 · 魅影

紫底色配合龟裂花纹，新颖独特。

零星点缀着的小花，精致的蕾丝，淡淡的薰衣草

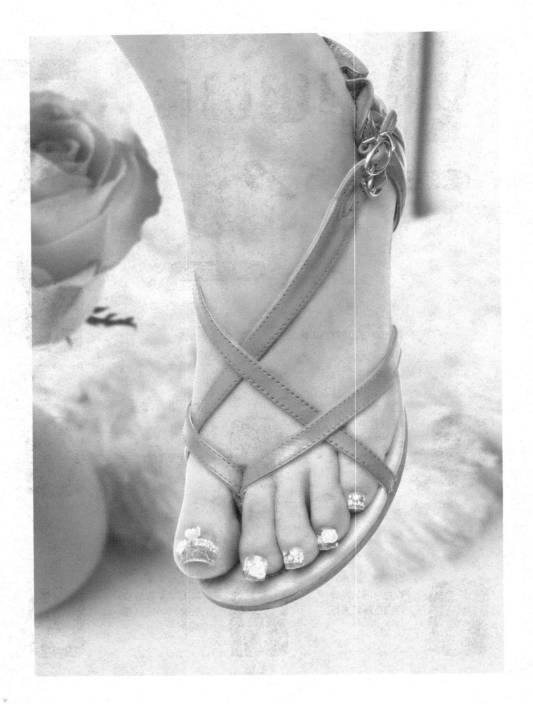

美甲工具

镊子
吹风机

美甲材料

亮油　　　　　花朵饰品
白色甲油　　　亮钻
紫色甲油　　　美甲专用胶
白色蕾丝花边

步　骤

步骤　1
在前端刷一层白色甲油。

步骤　2
在下方蘸上一些紫色的甲油。

步骤　3
用吹风机吹出龟裂花纹。

步骤　4
在交界处贴一条白色蕾丝花边。

步骤　5
刷一层亮油。

步骤　6
用美甲专用胶贴上两个花朵饰品。

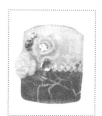

步骤　7
最后贴几颗亮钻。完成。

明蓝·时光

点 评

明蓝色和橙黄色的线条交汇、融合，构成一幅流光溢彩的唯美抽象画，有如时光停驻，轻快、欢畅。

镊子
彩绘笔

白色甲油
浅蓝色、黑色、黄色、
深蓝色丙烯颜料
亮油
银色亮片

步　骤

步骤 1
刷一层白色甲
油，待干。

步骤 2
再刷一层白色
甲油，待干。

步骤 3
用丙烯颜料画上
两条黑色的分界
线。

步骤 4
沿着黑线用颜
料画上一道浅
蓝色。

步骤 5
接着画一道黄色。

步骤 6
继续画一道深蓝
色，再间隔画上
浅蓝色和深蓝色。

步骤 7
用黑色画出各种
颜色之间的分界
线，右边部分也
做同样的处理。

步骤 8
涂一层亮油。

步骤 9
沿着步骤 3 的黑
色分界线外围贴
上一排亮片。

步骤 10
完成。

花期·绽放

空气中仿佛散发着野百合的气息，淡淡的，尽显高雅与贵气。

镊子
雕花笔

美甲材料

红色甲油
白色雕花粉
黄色雕花粉
亮钻
美甲专用胶

步骤

步骤 **1**
先刷一层红色
甲油，待干。

步骤 **2**

再刷第二层甲
油，待干。

步骤 **3**

用白色雕花粉
点一个白色的
小圆点，用雕
花笔画出花瓣
的形状。

步骤 **4**

用黄色雕花
粉画里面的
花蕊。

步骤 **5**

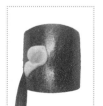

用白色画花舌。

步骤 **6**

用美甲专用胶
贴几颗亮钻。

步骤 **7**

完成。

莹莹·飞花

水中花，看上去那么美丽，那么灵动。舒展的花瓣，细细的花藤，将女性的柔美静谧展现得淋漓尽致。

美甲工具

镊子

美甲材料

黑色甲油
银色甲油
水贴花纸
亮钻
美甲专用胶

步 骤

步骤　*1*

刷一层银色甲油，待干。

步骤　*2*

再刷一层银色甲油，待干。

步骤　*3*

在前端刷一道黑色甲油，待干。注意上方需显得随意些。

步骤　*4*

剪一朵黑色的水贴花放入水中浸泡2分钟。

步骤　*5*

用镊子撕下花朵贴到甲片上。

步骤　*6*

用美甲专用胶贴一颗亮钻。

步骤　*7*

完成。

绿光·复古

点 评

孔雀绿和大颗珍珠的搭配，增添了几分复古的味道，居中的位置，凸显出珍珠的夺目。

镊子

美甲材料

绿色甲油
亮油
大、小银色亮钻
大、小珍珠
美甲专用胶

步　骤

步骤　1
刷一层绿色甲油，待干。

步骤　2
再刷一层绿色甲油，待干。

步骤　3
刷一层亮油。

步骤　4
用美甲专用胶在中间位置贴一颗大珍珠。

步骤　5
沿大珍珠周边贴一圈银色小珍珠。

步骤　6
在外圈再贴一圈大银色亮钻。

步骤　7
再在外圈贴一圈小银色亮钻，完成。

可爱·浪漫

天蓝色就像女孩童年时随风摆动的风车，怀中抱着的可爱玩偶，手中牵着的五彩气球……

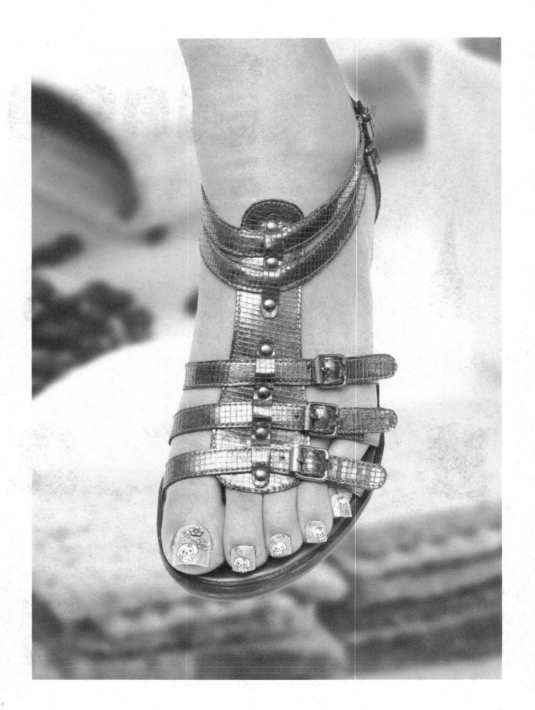

美甲工具

镊子
彩绘笔
小剪刀

美甲材料

天蓝色甲油
小狗花纹水贴花纸
银色拉线笔
亮油
花朵饰品
美甲专用胶

步 骤

步骤 1

先刷一层天蓝色甲油，待干。

步骤 2

再刷一层天蓝色甲油，待干。

步骤 3

剪下一个小狗花纹水贴花。

步骤 4

放入水中浸泡2分钟。

步骤 5

用镊子撕下水贴花，贴到甲片上的合适位置。

步骤 6

用拉线笔画几道条纹。

步骤 7

刷一层亮油。

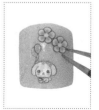

步骤 8

贴两朵小花进行装饰。

步骤 9

在花蕊的位置用美甲专用胶贴上亮钻。完成。

俏皮·优雅

鱼嘴鞋最大的特点是露出几个脚趾，既带几分性感，又不失端庄优雅。精心地修饰一下露出来的脚趾能够让你加分不少。

美甲材料

浅紫色甲油
白色甲油
浅紫色、深紫色丙烯颜料
亮油
珍珠
花朵饰品
美甲专用胶

美甲工具

镊子
彩绘笔

步 骤

步骤 1

刷一层浅紫色甲油，待干。

步骤 2

再刷一层浅紫色甲油，待干。

步骤 3

在前端刷一道白色甲油。

步骤 4

用浅紫色的颜料画几个小圆圈。

步骤 5

再用深紫色画几个大小不同的小圆圈。

步骤 6

刷一层亮油。

步骤 7

用美甲专用胶贴几个颜色不同的花朵饰品。

步骤 8

同理，再贴一颗珍珠。

步骤 9

完成。

魅力足甲——甲片

附录 A 纤手玉足养出来

1. 洗手、洗脚时动作应轻柔，避免用硬毛刷刮到指甲，或者粗暴地用指甲刮硬物。这样会使指甲变脆弱，并且还会造成指甲上翘，脱离甲床。

2. 在涂抹护手产品时，也应对指甲周围的角皮做适当护理。

3. 血液循环不良不仅使双手出现斑点、青紫，指甲也会呈青色。应充分按摩，加强血液循环，使血液流动到双手及甲床，使之恢复健康光泽。

4. 做家务时应戴橡胶手套，避免化学物质对指甲造成伤害。

5. 涂有色甲油时，应先涂一层保护用的无色指甲油，避免指甲油里的色素沉积在甲面。对于出现色素沉积现象的指甲，最好的处理方法是让它自然脱落，不要使用漂白剂漂白。

6. 不要啃咬指甲，此举易滋生细菌。

7. 不要把指甲当成工具使用，应使用相应的操作工具。

8. 少戴假指甲，因为真假指甲间容易隐藏污垢，给细菌繁殖提供条件，而且真指甲长期被覆盖会变得脆弱且易折断。

9. 去美容院修甲的时候，别让美甲师用公用的死皮钳，因为容易导致交叉感染或发炎。所以我们在准备给别人修剪指甲时，要多备一把死皮钳哟！